新时代的中国北斗

（2022 年 11 月）

中 华 人 民 共 和 国
国务院新闻办公室

人 民 出 版 社

目　录

前　言

北斗卫星导航系统（以下简称北斗系统）是中国着眼于国家安全和经济社会发展需要，自主建设、独立运行的卫星导航系统。经过多年发展，北斗系统已成为面向全球用户提供全天候、全天时、高精度定位、导航与授时服务的重要新型基础设施。

党的十八大以来，北斗系统进入快速发展的新时代。2020年7月31日，习近平总书记向世界宣布北斗三号全球卫星导航系统正式开通，标志着北斗系统进入全球化发展新阶段。从改革开放新时期到中国发展进入新时代，从北斗一号到北斗三号，从双星定位到全球组网，从覆盖亚太到服务全球，北斗系统与国家发展同频共振，与民族复兴同向同行。

新时代的中国北斗，既造福中国人民，也造福世界各国人民。北斗系统秉持"中国的北斗、世界的北斗、一流的北斗"发展理念，在全球范围内实现广泛应用，赋能各行各业,融入基础设施,进入大众应用领域,深刻改变着人们的生产生活方式,成为经济社会发展的时空基石,为卫星导航系统更好服务全球、造福人类贡献了中国智慧和力量。

新时代的中国北斗,展现了中国实现高水平科技自立自强的志气和骨气,展现了中国人民独立自主、自力更生、艰苦奋斗、攻坚克难的精神和意志,展现了中国特色社会主义集中力量办大事的制度优势,展现了胸怀天下、立己达人的中国担当。

为介绍新时代中国北斗发展成就和未来愿景,分享中国北斗发展理念和实践经验,特发布本白皮书。

一、北斗发展进入新时代

进入新时代,伴随着中国发展取得历史性成就、发生历史性变革,中国北斗走上高质量发展之路,机制体系、速度规模等不断实现新突破、迈上新台阶,创造了中国北斗耀苍穹的奇迹。

(一)走出自主发展的中国道路

中国立足国情国力,坚持自主创新、分步建设、渐进发展,不断完善北斗系统,走出一条从无到有、从有到优、从源到无源、从区域到全球的中国特色卫星导航系统建设道路。

实施"三步走"发展战略。1994 年,中国开始研制发展独立自主的卫星导航系统,至 2000 年底建成北斗一号系统,采用有源定位体制服务中国,成为世界上第三个拥有卫星导航系统的国家。2012 年,建成北斗二号系统,面向亚太地区提供无源定位服务。2020 年,北斗三号系统正式建成开通,面向全球提供卫星导航服务,标志着北斗系统"三步走"发展战略圆满完成。

向全球时代加速迈进。2012年12月,北斗二号系统建成并提供服务,这是北斗系统发展的新起点。2015年3月,首颗北斗三号系统试验卫星发射。2017年11月,完成北斗三号系统首批2颗中圆地球轨道卫星在轨部署,北斗系统全球组网按下快进键。2018年12月,完成19颗卫星基本星座部署。2020年6月,由24颗中圆地球轨道卫星、3颗地球静止轨道卫星和3颗倾斜地球同步轨道卫星组成的完整星座完成部署。2020年7月,北斗三号系统正式开通全球服务,"中国的北斗"真正成为"世界的北斗"。

(二)更好服务全球、造福人类

新时代的中国北斗,以更好服务全球、造福人类为宗旨,进一步提高多种技术手段融合水平,不断提升多样化、特色化服务能力,大力推动北斗应用产业发展,全方位加强国际交流合作,更好满足经济社会发展和人民美好生活需要,更好实现共享共赢。

——开放兼容。免费提供公开的卫星导航服务,持续提升全球公共服务能力。积极开展国际合作与交流,倡导和加强多系统兼容共用。

——创新超越。坚持创新驱动发展战略，实现创新引领，提升自主发展能力。持续推动系统升级换代，融合新一代通信、低轨增强等新兴技术，推动与非卫星导航技术融合发展。

——优质服务。确保系统连续稳定运行，发挥特色服务优势，为全球用户提供优质的卫星导航服务。完善标准、政策法规、知识产权、宣传推广等体系环境建设，优化北斗产业生态。

——共享共赢。深化北斗系统应用推广，推进北斗产业高质量发展，融入千行百业，赋能生产生活。与世界共享中国卫星导航系统建设发展成果，实现互利互赢。

（三）铸就新时代北斗精神

在面对未知的艰辛探索中，中国北斗建设者披荆斩棘、接续奋斗，培育了"自主创新、开放融合、万众一心、追求卓越"的新时代北斗精神，生动诠释了以爱国主义为核心的民族精神和以改革创新为核心的时代精神，丰富了中国共产党人的精神谱系。

自主创新是中国北斗的核心竞争力。北斗系统始终坚持自主创新、自主设计、自主建造、自主可控,把关键核心技术牢牢掌握在自己手中,这是中国北斗应对各种挑战、战胜各种困难的主动选择。

开放融合是中国北斗的世界胸襟。北斗系统顺应开放的时代大势和融合的发展潮流,践行"让各国人民共享发展机遇和成果"的承诺,展现了登高望远的格局和美美与共的胸襟。

万众一心是中国北斗的成功密码。北斗系统是全体北斗建设者同舟共济、合作奉献的结果,是全国上下支持、各方力量协作的结果,生动诠释了中华民族团结拼搏的优良传统和中国人民深沉的家国情怀。

追求卓越是中国北斗的永恒目标。北斗系统对标世界一流,"要做就做最好",实现工程技术卓越、运行服务卓越、工程实施管理卓越,成为新时代中国的一个闪亮品牌。

(四)展望北斗发展新愿景

面向未来,中国将建设技术更先进、功能更强大、服务更优质的北斗系统,建成更加泛在、更加融合、更加智能的综合时空体系,提供高弹性、高智能、高精度、高安全的定位导航授时服务,更好惠及民生福祉、服务人类发展进步。

建强北斗卫星导航系统,建成中国特色北斗系统智能运维管理体系,突出短报文、地基增强、星基增强、国际搜救等特色服务优势,不断提升服务性能、拓展服务功能,形成全球动态分米级高精度定位导航和完好性保障能力,向全球用户提供高质量服务。

推动北斗系统规模应用市场化、产业化、国际化发展,提供更加优质、更加多样的公共服务产品,进一步挖掘市场潜力、丰富应用场景、扩大应用规模,构建新机制,培育新生态,完善产业体系,加强国际产业合作,打造更加完整、更富韧性的产业链,让北斗系统发展成果更好惠及各国人民。

构建国家综合定位导航授时体系,发展多种导航手段,实现前沿技术交叉创新、多种手段聚能增效、多源信息融合共享,推动服务向水下、室内、深空延伸,提供基准统一、覆盖无缝、弹性智能、安全可信、便捷高效的综合时空信息服务,推动构建人类命运共同体,建设更加美好的世界。

二、跻身世界一流的中国北斗

中国北斗的建设发展,始终锚定世界一流目标,坚持创新引领、追求卓越,不断实现自我超越。中国的北斗,技术先进、设计领先、功能强大,是世界一流的全球卫星导航系统。

(一)核心技术自主研发

中国从自身实际出发,因应世界卫星导航发展趋势,从星座构型、技术体制、服务功能等方面创新系统设计,攻克混合星座、星间链路、信号体制设计等多项核心关键技术,在全球范围实现一流能力。

创新星座构型。首创中高轨混合异构星座,高轨卫星单星覆盖区域大、抗遮挡能力强,中轨卫星星座全球运行、全球覆盖,是实现全球服务的核心,各轨道卫星优势互补,既能实现全球覆盖,又能加强区域能力。

构建星间链路。首次通过星间链路实现卫星与卫星之间、卫星与地面之间一体化组网运行,实现星间高精度测量和数据传输,基于国内布站条件提供全球运行服务。

优化信号体制。突破调制方式、多路复用、信道编码等关键技术,率先实现全星座三频服务,实现导航定位功能与通信数传功能、基本导航信息与差分增强信息的融合设计,信号测距精度、抗干扰和抗多径等性能达到世界一流水平,实现与其他卫星导航系统的兼容共用并支持多样化特色服务。

(二)系统组成创新引领

北斗系统由空间段、地面段和用户段组成。其中,空间段由中圆地球轨道、地球静止轨道、倾斜地球同步轨道等三种轨道共 30 颗卫星组成;地面段由运控系统、测控系统、星间链路运行管理系统,以及国际搜救、短报文通信、星基增强和地基增强等多种服务平台组成;用户段由兼容其他卫星导航系统的各类终端及应用系统组成。

北斗系统星间星地一体组网,是中国首个实现全球组网运行的航天系统,显著提升了中国航天科研生产能力,有力推动中国宇航技术跨越式发展。

组批生产能力卓越。创新星地产品研制和星箭制造,研制运载火箭上面级、导航卫星专用平台，实现星箭批量生产、密集发射、快速组网，以两年半时间 18 箭 30 星的中国速度完成全球星座部署，创造世界导航卫星组网新纪录。

关键器件自主可控。实现宇航级存储器、星载处理器、大功率微波开关、行波管放大器、固态放大器等器部件国产化研制，北斗系统核心器部件 100% 自主可控，为北斗系统广泛应用奠定了坚实基础。

（三）系统服务优质多样

北斗系统服务性能优异、功能强大，可提供多种服务，满足用户多样化需求。其中，向全球用户提供定位导航授时、国际搜救、全球短报文通信等三种全球服务；向亚太地区提供区域短报文通信、星基增强、精密单点定位、地基增强等四种区域服务。

定位导航授时服务。通过 30 颗卫星，免费向全球用户提供服务，全球范围水平定位精度优于 9 米、垂直定位精度优于 10 米，测速精度优于 0.2 米/秒、授时精度优于 20 纳秒。

国际搜救服务。通过 6 颗中圆地球轨道卫星，旨在向全球用户提供符合国际标准的遇险报警公益服务。创新设计返向链路，为求救者提供遇险搜救请求确认服务。

全球短报文通信服务。北斗系统是世界上首个具备全球短报文通信服务能力的卫星导航系统,通过14颗中圆地球轨道卫星,为特定用户提供全球随遇接入服务,最大单次报文长度560比特(40个汉字)。

区域短报文通信服务。北斗系统是世界上首个面向授权用户提供区域短报文通信服务的卫星导航系统,通过3颗地球静止轨道卫星,为中国及周边地区用户提供数据传输服务,最大单次报文长度14000比特(1000个汉字),具备文字、图片、语音等传输能力。

星基增强服务。创新集成设计星基增强服务,通过3颗地球静止轨道卫星,旨在向中国及周边地区用户提供符合国际标准的I类精密进近服务,支持单频及双频多星座两种增强服务模式,可为交通运输领域提供安全保障。

精密单点定位服务。创新集成设计精密单点定位服务,通过3颗地球静止轨道卫星,免费向中国及周边地区用户提供定位精度水平优于30厘米、高程优于60厘米,收敛时间优于30分钟的高精度定位增强服务。

地基增强服务。建成地面站全国一张网,向行业和大众用户提供实时米级、分米级、厘米级和事后毫米级高精度定位增强服务。

三、提高系统运行管理水平

作为负责任的航天大国，中国不断提高北斗系统运行管理水平，保障系统连续稳定运行、保持系统性能稳步提升、保证系统信息公开透明，确保系统持续、健康、快速发展，提供高稳定、高可靠、高安全、高质量的时空信息服务。

（一）保障系统稳定运行

稳定运行是卫星导航系统的生命线。中国北斗坚持系统思维，构建以齐抓共管多方联保为组织特色、星地星间全网管控为系统特色、软硬协同智能运维为技术特色的中国特色北斗系统运行管理体系，融"常态保障、平稳过渡、监测评估、智能运维"为一体，为系统连续稳定运行提供了基本保障。

强化常态保障。完善多方联合保障、运行状态会商、设备巡检维护等制度机制，建立协同顺畅、信息共享、决策高效的工作流程，不断提升常态化运行管理保障能力。

确保平稳过渡。从空间段、地面段、用户段等方面，有序实施从北斗二号向北斗三号的平稳过渡，保障用户无需更换设备，以最小代价享受系统升级服务。

加强监测评估。统筹优化北斗系统全球连续监测评估资源配置，对系统星座状态、信号精度、信号质量和服务性能等进行全方位、常态化监测评估，及时准确掌握系统运行服务状态。

提升运维水平。充分利用大数据、人工智能、云计算等新技术，构建北斗系统数据资源池，促进系统运行、监测评估、空间环境等多源数据融通，实现信息按需共享，提升系统智能化运行管理水平。

（二）提升系统服务性能

更高精度、更稳运行是北斗系统的不懈追求。中国北斗坚持稳中求进，在系统状态、时空基准、应用场景等方面持续用力，推动系统服务能力不断提升、服务场域不断拓展、服务品质不断升级。

升级系统状态。实施地面设备升级改造，按需更新在轨卫星软件，动态优化星地处理模型和算法，持续加强星间星地一体化网络运行能力，不断提升空间信号精度与质量，实现服务性能稳中有升。

建强时空基准。建立与维持北斗系统高精度时间基准,持续开展与其他卫星导航系统时差监测,在导航电文中播发,加强与其他卫星导航系统时间系统互操作。北斗坐标系统与国际大地参考框架保持对齐,加强与其他卫星导航系统坐标系统互操作。

拓展服务场域。开展多手段导航能力建设,实现弹性定位导航授时服务功能。开展北斗地月空间服务应用探索和试验,推动北斗服务向深空延展。突破导航通信融合系列关键技术,提升复杂环境和人类活动密集区服务能力。

(三)发布系统动态信息

发布系统信息是卫星导航系统提升用户感知度和信赖度的基本途径。中国北斗坚持公开透明,建设发布平台,完善发布机制,动态发布权威准确的系统信息,向全球用户提供负责任的服务。

建设多渠道信息发布平台。通过北斗官方网站(www.beidou.gov.cn)、监测评估网站(www.csno-tarc.cn 和 www.igmas.org)、官方微信公众号(beidousystem)等渠道平台,发布系统建设运行、应用推广、国际合作、政策法规等相关信息。

发布系统服务文件。更新发布北斗公开服务信号接口控制文件,定义北斗系统卫星与用户终端之间的接口关系,规范信号结构、基本特性、测距码、导航电文等内容,为全球研发北斗应用产品提供输入。更新发布公开服务性能规范,明确北斗系统公开服务覆盖范围和性能指标。

发布系统状态信息。及时发布卫星发射入网、在轨测试、监测评估结果以及卫星退役退网等系统状态信息。在采取可能影响用户服务的计划操作之前,适时向国内外用户发布通告。

四、推动应用产业可持续发展

新时代的中国北斗,坚持在发展中应用、在应用中发展,不断夯实产品基础、拓展应用领域、完善产业生态,持续推广北斗规模化应用,推动北斗应用深度融入国民经济发展全局,促进北斗应用产业健康发展,为经济社会发展注入强大动力。

(一)制定实施产业发展战略

中国北斗坚持以用促建、建用并举,体系化设计北斗应用产业发展,工程化推进北斗行业和区域应用,不断深化北斗系统推广应用,推动北斗产业高质量发展。

创新谋划应用产业总体思路。面对新时代、新形势、新要求,坚持以抓生态保障、抓共性基础、推应用产业为重心的总体思路,凝聚各方力量,形成齐抓共管、合力推动新局面。

加强产业发展规划设计。编制实施《全面加强北斗系统产业化应用发展总体方案》、北斗产业发展专项规划，各行业、各地区陆续出台实施北斗产业专项计划、专项行动，持续完善产业创新体系、融合应用体系、产业生态体系、全球服务体系。

实施北斗产业化重大工程。按照统筹集约、突出重点、分类推进的原则，聚焦保安全、促创新、强产业，发挥重大工程的战略牵引作用，加快形成以市场为主导、企业为主体的北斗产业发展格局。

（二）夯实产业发展根基

中国北斗聚焦应用基础设施、应用基础产品和应用基础软件，加强应用基础平台建设，加大应用技术研发支持力度，不断夯实北斗应用产业发展根基。

完善应用基础设施。全面打造国际搜救、短报文通信、星基增强、地基增强等北斗特色服务平台，加强北斗特色服务与多种通信手段融合，拓展应用广度深度，为用户提供更加高效便捷的服务。

研发应用基础产品。研制芯片、模块、天线等系列基础产品，实现北斗基础产品亿级量产规模。研发卫星导航与惯性导航、移动通信、视觉导航等多种手段融合的基础产品,增强应用弹性。

研发应用基础软件。加大自主研发力度,加强定位解算、模型开发、数据分析、设计仿真等共性基础技术软件化和工具化,推动应用基础软件可用好用。

(三)优化产业发展生态

中国北斗围绕标准规范、知识产权、检测认证、产业评估等,成体系打造要素完备、创新活跃、良性健康的产业生态,实现供应链、产业链、创新链、政策链共振耦合,推动应用产业集群发展。

推进标准化建设。充分发挥标准的基础性、引领性作用,更新发布北斗卫星导航标准体系,加快北斗应用标准制(修)订。持续推动形成包括团体标准、行业标准、国家标准和国际标准在内的相互衔接、覆盖全面、科学合理的应用标准体系,推动产业优化升级。

加强知识产权保护。提升北斗卫星导航领域专利审查质量和效率,为北斗系统的专利布局提供支撑。激发北斗创新应用主体在知识产权创造、运用、保护、管理方面的动力和活力,提升中国卫星导航专利基础储备和应用转化能力。

完善产品检测认证体系。强化北斗卫星导航产品检测认证顶层设计,构建检测认证公共服务网络平台,开展重点行业和领域北斗产品检测认证,提升产品质量水平,确保应用安全可靠。

构建产业评估体系。面向重点行业、关键领域、主要区域、大众应用和国际应用,健全应用信息反馈机制,建立北斗应用产业评估机制,保障产业健康可持续发展。

提高产业发展协作水平。鼓励北斗产业联盟建设,加强产学研用协同合作,加强与市场需求对接。发挥相关行业协会、学会的政企桥梁纽带作用,促进交流合作和行业自律。

打造产业集群。推动重点区域、重点城市结合国家战略和自身特点,全面布局北斗产业应用,巩固区域发展特色优势,形成以研发机构、骨干企业、特色园区为主体的北斗产业集群。

(四)做强产业发展业态

中国北斗广泛应用于经济社会发展各行业各领域,与大数据、物联网、人工智能等新兴技术深度融合,催生"北斗+"和"+北斗"新业态,支撑经济社会数字化转型和提质增效,让人民生活更便捷、更精彩。

示范引领带动。瞄准具有较大应用规模、社会效益和经济效益显著的重要行业,结合国家发展战略,实施行业和区域示范应用,形成综合应用解决方案,带动北斗规模化应用。

融入关键领域。快速融入影响国计民生、社会公益,涉及国家安全、公共安全和经济安全的重要领域,实现应用更可靠、安全有保障。

赋能各行各业。深度融入信息基础设施、融合基础设施、创新基础设施等新型基础设施建设,广泛进入交通、能源、农业、通信、气象、自然资源、生态环境、应急减灾等重点行业,实现降本增效。

走进千家万户。广泛进入大众消费、共享经济和民生领域,通过智能手机、车载终端、穿戴设备等应用产品,全面服务于绿色出行、外卖送餐、健康养老、儿童关爱、医疗教育等人民生活衣食住行方方面面。

专栏　北斗应用产业快速发展

2021 年,中国卫星导航与位置服务产业总体产值达到约 4700 亿元人民币。

产品制造方面,北斗芯片、模块等系列关键技术持续取得突破,产品出货量快速增长。截至 2021 年底,具有北斗定位功能的终端产品社会总保有量超过 10 亿台/套。

行业服务方面,北斗系统广泛应用于各行各业,产生显著经济和社会效益。截至 2021 年底,超过 780 万辆道路营运车辆安装使用北斗系统,近 8000 台各型号北斗终端在铁路领域应用推广,基于北斗系统的农机自动驾驶系统超过 10 万台/套,医疗健康、防疫消杀、远程监控、线上服务等下游运营服务环节产值近 2000 亿元。

大众应用方面,以智能手机和智能穿戴式设备为代表的北斗大众领域应用获得全面突破,包括智能手机器件供应商在内的国际主流芯片厂商产品广泛支持北斗。2021 年国内智能手机出货量中支持北斗的已达 3.24 亿部,占国内智能手机总出货量的 94.5%。

五、提升现代化治理水平

新时代的中国北斗,坚持制度创新、机制创新、发展创新,完善政策法规,优化组织管理,厚植人才优势,以改革创新驱动科技创新,充分发挥有效市场和有为政府作用,不断提升现代化治理水平。

(一)创新组织管理体制机制

中国立足北斗系统建设发展需求,科学统筹、优化机制,充分发挥国家制度优势,集中力量办大事,把政府、市场、社会等各方面力量汇聚起来,形成北斗事业发展强大合力。

创新工程建设组织管理。充分发挥北斗系统工程建设领导机构作用,构建多部门协同、责任清晰、分工明确、分级实施的组织管理体系,创建工程、应用、国际合作"三位一体"协同推进机制,确保北斗工程建设管理运行顺畅、协调高效、规范有序。

建立统筹协调机制。加强基础设施建设、应用推广、国际合作、卫星频率轨道资源管理、知识产权保护、标准制定、人才队伍建设等方面的系统谋划和协调推进,构建全联动、大协调工作新格局。

(二)以制度创新驱动科技创新

中国深入实施创新驱动发展战略,坚持科技创新与制度创新"双轮驱动",建立健全卫星导航科技创新动力机制,加快推进科技创新。

建立原始集成协同创新机制。秉承自主创新、开放交流的发展原则,培育卫星导航科技原始创新发源地,超前部署战略性、基础性、前瞻性科学技术研究,构建先进的技术攻关体系和产品研发体系。适应北斗与新一代信息技术深度融合发展要求,分阶段组织、增量式发展、多功能集成,建立跨学科、跨专业、跨领域协同创新机制,汇聚创新资源和要素,激发创新发展的聚变效应。

完善竞争择优的激励机制。以公开透明、公平竞争、互学互鉴为原则,创建多家参与、产品比测、综合评估、动态择优的竞争机制,既保持竞争压力,又充分调动各方积极性,实现高质量、高效益、低成本、可持续发展。

完善科研生产组织体系。强化数字工程等新技术引领,构建智能化试验验证评估体系。优化"研制、测评、改进、再验证"迭代演进科研生产流程,创建适应多星、多箭、多站同期研发、组批生产新模式,提升星地一体快速组网能力。

(三)推进卫星导航法治建设

中国统筹发展与安全、统筹当前和长远、统筹国内法治与涉外法治,全方位构建中国卫星导航法治体系,积极参与卫星导航全球治理,为北斗系统持续健康发展营造良好内外环境。

加快推进卫星导航立法。研究制定《中华人民共和国卫星导航条例》,规范和加强卫星导航活动管理,健全卫星导航系统建设、运行服务、应用管理、国际合作、安全保障等配套制度,不断完善卫星导航法律制度体系。

持续优化营商环境。坚持市场化、法治化、国际化原则,规范卫星导航市场秩序,持续净化市场环境,保护市场主体权益,优化政府服务,营造稳定、公平、透明、可预期的营商环境,激发市场活力和发展动力。

规范卫星导航活动。根据空间物体登记规定,及时准确完整报送北斗卫星信息。依法办理相关无线电频率使用许可、空间无线电执照和卫星地球站执照。依法保护北斗系统频谱使用，严禁生产、销售或使用卫星导航非法干扰设备，依法查处非法干扰行为。

参与卫星导航全球治理。践行共商共建共享的全球治理观，在全球卫星导航系统国际委员会（ICG）框架下处理卫星导航国际事务，参与卫星导航国际规则制定，推动卫星导航国际秩序朝着更加公正合理的方向发展。

（四）厚植发展人才优势

人才是发展和创新的第一资源。中国北斗坚持用事业培养人才、团结人才、引领人才、成就人才，不断壮大人才队伍、发挥人才优势，为卫星导航事业发展注入不竭动力。

建强人才队伍。完善定位导航授时相关领域人才培养体系，健全人才培养、交流和激励机制，构建人才培养平台，推动建设国家重点实验室，壮大跨学科、复合型、国际化人才队伍。

促进学术繁荣。面向定位导航授时前沿技术和产业发展需求，深化定位导航授时基础理论和应用研究，加强定位导航授时学术交流，多措并举提升科技创新能力和水平。

推进科普教育。持续推动科普教育基地建设,注重打造体验式科普场景,开展科普活动,出版科普读物,丰富科普内容,促进定位导航授时知识大众化、普及化,激发全民探索科学、探索时空的热情。

六、助力构建人类命运共同体

卫星导航是全人类的共同财富。中国坚持开放融合、协调合作、兼容互补、成果共享,积极开展北斗系统国际合作,推进北斗应用国际化进程,让北斗系统更好服务全球、造福人类,助力构建人类命运共同体。

(一)促进多系统兼容共用

中国积极倡导和持续促进卫星导航系统间兼容与互操作,积极开展频率轨位协调与磋商,共同提高卫星导航系统服务水平,为全球用户提供更加优质多样、安全可靠的服务。

倡导兼容与互操作合作。持续推进北斗系统与其他卫星导航系统、星基增强系统的兼容与互操作,促进卫星导航系统兼容共用,实现资源共享、优势互补、技术进步。建立卫星导航多双边合作机制,持续开展兼容与互操作协调,与其他国家就卫星导航系统和星基增强系统开展合作与交流,促进各卫星导航系统的共同发展。

开展频率轨位协调与磋商。遵循国际电信联盟规则,维护卫星网络申报协调国际秩序,通过多双边友好协商开展卫星导航频率轨位协调与磋商。积极参与国际组织主导的技术和标准研究制定,与相关国家共同维护、使用和拓展卫星导航频率轨位资源。

(二)广泛开展国际合作交流

中国深化国际合作机制,共拓国际合作渠道,打造国际合作平台,建立国际合作窗口,持续扩大北斗系统国际"朋友圈",不断提升卫星导航全球应用水平。

深度参与卫星导航国际事务。参加联合国框架下系列活动,举办全球卫星导航系统国际委员会大会,参与议题研究,研提合作建议,发起合作倡议,共商共促世界卫星导航事业发展。

开展多双边合作交流。与东盟、阿盟等区域组织和非洲、拉美等地区的国家开展合作与交流,举办北斗/GNSS合作论坛,发布应用场景,推介解决方案,提高国际应用水平。

深化测试评估合作。联合开展北斗及其他全球卫星导航系统定位导航授时、短报文通信、国际搜救等服务性能测试评估,发布测试评估报告,增进用户对卫星导航系统状态和服务性能的了解,增强用户信心,提高合作水平。

搭建国际教育培训平台。持续开展卫星导航相关专业国际学生学历教育,特别是硕士及博士生教育。依托联合国空间科技教育亚太区域中心(中国)、北斗/GNSS中心、北斗国际交流培训中心等平台,积极开展卫星导航培训,为国际社会特别是发展中国家培养卫星导航人才,促进国际卫星导航能力建设。

广泛开展国际学术交流。做强中国卫星导航年会和北斗规模应用国际峰会等交流平台,持续提升国际影响力。积极参加国际卫星导航领域学术交流活动,促进国际卫星导航技术进步。

(三)推进加入国际标准体系

中国持续推动北斗系统进入国际标准组织、行业和专业应用等标准组织,使北斗系统更好服务全球用户与相关行业发展。

国际民航领域标准。北斗系统相关技术指标通过国际民航组织验证,满足国际民航领域标准要求,具备为全球民用航空用户提供定位导航授时服务的能力。

国际海事领域标准。北斗系统成为世界无线电导航系统重要组成部分,取得面向海事应用的国际合法地位。北斗船载接收设备检测标准正式发布,为国际海事设备制造商提供设计、生产和检测依据。北斗短报文通信服务加入国际海事组织全球海上遇险与安全系统稳步推进。

国际搜救领域标准。发布搜救卫星应急示位标国际标准。推动北斗返向链路纳入全球搜救卫星系统组织标准,开展返向链路国际兼容共用协调。

国际移动通信领域标准。国际移动通信第三代合作伙伴计划制定发布支持北斗信号的技术标准、性能标准和一致性测试标准,为2G、3G、4G、5G移动通信系统和终端使用北斗网络辅助定位和高精度定位功能提供重要支持。

国际数据交换标准。推动北斗进入高精度差分服务、通用数据交换格式、定位信息输出协议等接收机国际通用数据标准。

(四)推动发展成果惠及全球

中国不断推进北斗产品、服务和产业国际应用的深度和广度,加速北斗规模应用国际化进程,助力全球经济社会发展和民生改善,增进世界人民福祉。

提升北斗产品国际贡献。推动芯片、模块、终端等北斗产品加速融入国际产业体系,对接国际需求、对标国际水准、发挥特色优势,融入本地产业,服务转型升级,促进经济社会发展。

促进北斗服务海外落地。建立卫星导航国际应用服务体系,合作共建卫星导航服务平台,联合推动国际搜救、短报文通信、星基增强、地基增强等特色服务国际应用,满足国际用户多样化应用需求。

深化应用产业国际合作。开展卫星导航应用技术研发和产业合作,建立海外北斗应用产业促进中心,培育卫星导航产业基础。加大与东盟、阿盟、非盟、拉共体等区域组织合作力度,发布智慧城市、公共安全、精准农业、数字交通、防灾减灾等北斗应用解决方案,在亚洲、非洲、拉美等地区重点示范应用。

结　束　语

探索宇宙时空,是中华民族的千年梦想。从夜观"北斗"到建用"北斗",从仰望星空到经纬时空,中国北斗未来可期、大有可为。中国将坚定不移走自主创新之路,以下一代北斗系统为核心,建设更加泛在、更加融合、更加智能的综合时空体系,书写人类时空文明新篇章。

宇宙广袤,容得下各国共同开发利用;星海浩瀚,需要全人类合作探索。中国愿同各国共享北斗系统建设发展成果,共促世界卫星导航事业蓬勃发展,携手迈向更加广阔的星辰大海,为构建人类命运共同体、建设更加美好的世界作出新的更大贡献。

责任编辑：刘敬文

图书在版编目（CIP）数据

新时代的中国北斗/中华人民共和国国务院新闻办公室 著.—北京：人民出版社，2022.11
ISBN 978－7－01－025075－5

Ⅰ.①新…　Ⅱ.①中…　Ⅲ.①卫星导航-全球定位系统-介绍-中国　Ⅳ.①P228.4

中国版本图书馆 CIP 数据核字（2022）第 170784 号

新时代的中国北斗
XINSHIDAI DE ZHONGGUO BEIDOU

（2022 年 11 月）

中华人民共和国国务院新闻办公室

人民出版社 出版发行
（100706 北京市东城区隆福寺街 99 号）

中煤（北京）印务有限公司印刷　新华书店经销

2022 年 11 月第 1 版　2022 年 11 月北京第 1 次印刷
开本：787 毫米×1092 毫米 1/16　印张：2.5
字数：17 千字

ISBN 978－7－01－025075－5　定价：12.00 元

邮购地址 100706　北京市东城区隆福寺街 99 号
人民东方图书销售中心　电话（010）65250042　65289539